神奇的动物朋友们

长呀长，变成什么样

李硕 编著

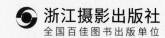

浙江摄影出版社
全国百佳图书出版单位

灿烂的阳光下，蝴蝶妈妈飞到了池塘边。

瞧，它在水草上产卵呢！

水草下，一只水虿（chài）愉快地游来游去。
不一会儿，蝴蝶妈妈就产下了小巧玲珑的虫卵。

"水草上的虫卵，看起来好像很好吃！"水蚤咽着口水说。
于是，水蚤围绕着水草转呀转，期待着虫卵掉下来。

6

蝴蝶妈妈看出了水蚤的心思，笑着对它说："水蚤，请保护我的孩子。你也是由虫卵孵化而来的哦！"

　　"原来是这样！蝴蝶妈妈请放心，我不会伤害您的孩子的。"水蚤点点头说。

不久，水草上的虫卵出现了新变化。

瞧，一条毛毛虫从虫卵里钻了出来！

水蚤兴奋地和毛毛虫打招呼："毛毛虫，你好，我是水蚤。"

毛毛虫轻轻地蠕动着身体，探着小脑袋说："水蚤，你好哦！"

渐渐地，毛毛虫和水蚤成了好朋友。

这一天，水蚤在水里蜕了皮。

它激动地对毛毛虫说："快看呀，我的个子变大了！"

毛毛虫啃食着水草，一天天地长大。
"快看呀，我的身上长出了漂亮的条纹！"

有空的时候，毛毛虫和水蚤会一起欣赏在水面上飞翔的昆虫。
"要是我们也能飞，该多好啊！"毛毛虫说。
"是啊！真羡慕会飞的昆虫。"水蚤说。

　　日子一天天地过去，毛毛虫变成了坚硬的虫蛹，水蚤也一天天地长大。

　　"毛毛虫，你在里面干什么呢？"水蚤抬头喊道。

　　可是，虫蛹一动不动，没有回答。

直到有一天，来看望毛毛虫的水蚤发现，虫蛹里空空如也。

水蚤大惊失色，忍不住想："毛毛虫去哪里了？会不会被鸟儿吃掉了？"

这时，一只美丽的蝴蝶在水虿的身旁翩翩起舞。

"水虿，我在这里！我是你的好朋友毛毛虫。"蝴蝶说。

"毛毛虫，真的是你吗？你已经变成蝴蝶啦！"水虿说。

22

过了几天，水蚤悄悄地从水里爬上了岸。
它使劲完成了最后一次蜕皮，变成了蜻蜓。
"哇，我终于也可以飞起来了！"

灿烂的阳光洒向大地，毛毛虫变成的蝴蝶和水蚤变成的蜻蜓一起飞向了湛蓝的天空。

　　"外面的世界真精彩！"蝴蝶和蜻蜓说。

责任编辑　瞿昌林
责任校对　高余朵
责任印制　汪立峰

项目策划　北视国
装帧设计　太阳雨工作室

图书在版编目（CIP）数据

长呀长，变成什么样 / 李硕编著 . -- 杭州 ：浙江
摄影出版社，2022.6
（神奇的动物朋友们）
ISBN 978-7-5514-3916-9

Ⅰ．①长… Ⅱ．①李… Ⅲ．①动物－少儿读物
Ⅳ．① Q95-49

中国版本图书馆 CIP 数据核字（2022）第 068971 号

ZHANG YA ZHANG BIANCHENG SHENME YANG

长呀长，变成什么样

（神奇的动物朋友们）

李硕　编著

全国百佳图书出版单位
浙江摄影出版社出版发行
　　　地址：杭州市体育场路 347 号
　　　邮编：310006
　　　电话：0571-85151082
　　　网址：www. photo. zjcb. com
制版：北京市大观音堂鑫鑫国际图书音像有限公司
印刷：三河市天润建兴印务有限公司
开本：787mm×1092mm　1/12
印张：2.67
2022 年 6 月第 1 版　　2022 年 6 月第 1 次印刷
ISBN 978-7-5514-3916-9
定价：49.80 元